BEI GRIN MACHT SICH IHR WISSEN BEZAHLT

- Wir veröffentlichen Ihre Hausarbeit, Bachelor- und Masterarbeit

- Ihr eigenes eBook und Buch - weltweit in allen wichtigen Shops

- Verdienen Sie an jedem Verkauf

Jetzt bei www.GRIN.com hochladen und kostenlos publizieren

Sven-David Müller

Aktuelles aus Diätetik, Ernährungsberatung und Ernährungsmedizin

Band 2

Präventive und therapeutische Effekte einer obst- und gemüsereichen Ernährungsweise

GRIN Verlag

Bibliografische Information der Deutschen Nationalbibliothek:

Die Deutsche Bibliothek verzeichnet diese Publikation in der Deutschen National-
bibliografie; detaillierte bibliografische Daten sind im Internet über http://dnb.d-
nb.de/ abrufbar.

Impressum:

Copyright © 2010 GRIN Verlag, Open Publishing GmbH
Druck und Bindung: Books on Demand GmbH, Norderstedt Germany
ISBN: 978-3-640-70908-3

Dieses Buch bei GRIN:

http://www.grin.com/de/e-book/156676/praeventive-und-therapeutische-effekte-
einer-obst-und-gemuesereichen-ernaehrungsweise

Präventive und therapeutische Effekte einer Gemüse- und Obst-reichen Ernährungsweise aus ernährungstherapeutischer Sicht

Zusammenfassung: Eine Obst- und Gemüsereiche Ernährung kann die Entstehung und den Verlauf unterschiedlicher chronischer Erkrankungen positiv beeinflussen. Insbesondere bestimmte Risikofaktoren für Herz-Kreislauferkrankungen wie Hyperlipoproteinämie, Adipositas, oxidativer Stress und Hyperhomocysteinämie können durch Befolgen der sogenannten „5-am-Tag-Regel", d. h. dem Verzehr von 5 Portionen Obst und Gemüse täglich, sowie teilweise auch durch geeignete Nahrungsergänzungsmittel signifikant reduziert werden. Gegenüber Krebserkrankungen verfügt der Körper über eine Reihe von Abwehrmechanismen, die durch eine Obst-Gemüsereiche Kost aktiviert werden können. Das Krebsrisiko kann dadurch nachweislich in Mundhöhle und Rachen, Speiseröhre, Magen, Dickdarm und Lunge gesenkt werden, eine Risikoreduktion ist wahrscheinlich für Kehlkopf-, Pankreas, Brust- und Blasen-Karzinome. Es wird dargestellt wie bestimmte Nahrungsbestandteile aus Obst und Gemüse die unterschiedlichen Abwehrmechanismen gegenüber Krebserkrankungen beeinflussen. Andere chronische Erkrankungen, die in Entstehung und/oder Verlauf anscheinend durch eine Obst-Gemüse-reiche Ernährung beeinflusst werden können, sind Katarakt, altersabhängige Makuladegeneration, Morbus Alzheimer und Depressionen. Das Immunsystem älterer Menschen, das häufig geschwächt ist, profitiert ebenfalls von einer solchen Kost.

Schlüsselwörter: Obst- und Gemüse-reiche Ernährung, Herz-Kreislauf-Erkrankungen, Krebserkrankungen, Katarakt, altersabhängige Makuladegeneration, Morbus Alzheimer, Depression, Hypercholesterinämie, oxidativer Stress, erhöhte Homocysteinspiegel, Vitamine A, C, E, B6, B12, Folsäure, sekundäre Pflanzenstoffe, Carotinoide, Anthocyane, Saponine, Monoterpene, Glucosinolate, Phenolsäuren, Sulfide, Flavonoide, Phytoöstrogene

Summary: A diet rich in fruits and vegetables can have positive effects on the development and progress of various chronic illnesses. Especially certain risk factors for cardiovascular diseases such as hyperlipoproteinemia, obesity, oxidative stress and hyperhomocysteinemia can be reduced significantly by following the recommended 5-a-day rule, i. e. eating five portions of fruits and vegetables daily, or in some instances by consuming nutritional supplements. On the other hand the human body is equipped with a number of defense mechanisms to fight cancer, which can be activated by a diet rich in fruits and vegetables. It has been demonstrated that following the 5-a-day-rule reduced the risks for cancer in mouth and throat, esophagus, stomach, colon and lungs, a probable benefit was shown for carcinomas of larynx, pancreas, breast and bladder. The ways , by which various constituents of fruits and vegetables influence the defense mechanisms against cancer, are summarized. Other chronic ill-nesses whose development and progress can probably be influenced by a diet rich in fruits and vegetables are cataract, age-dependent macular degeneration, Alzheimer's disease and depression. The immune system of elderly people, who often suffer from a certain degree of immune dysfunction, can also benefit by this type of nutrition.

Key words: diet rich in fruits and vegetables, cardiovascular disease, cancer, cataract, age-dependent macular degeneration, Alzheimer's disease, depression, hypercholesterinemia, oxidative stress, elevated homocysteine plasma levels, vitamins A, C, E, B6, B12, folic acid, phytochemicals, carotinoids, anthocyanes, saponines, monoterpenes, glucosinolates, phenolic acid, sulfids, flavonoids, phytoestrogens

Einleitung: Im Jahre 2001 beruhten laut WHO von den 56,5 Mio. berichteten Todesfällen 59% auf chronischen Erkrankungen, der Anteil an allen Erkrankungen betrug 46% (1). Nach Ansicht der WHO-Experten wäre ein Großteil dieser Krankheiten durch eine veränderte Ernährungsweise vermeidbar gewesen. Insbesondere das Auftreten von kardiovaskulären Erkrankungen, verschiedenen Krebsarten, Übergewicht und Diabetes mellitus könnte allein durch Ernährungsumstellung wesentlich reduziert werden. Um dieses Ziel zu erreichen sollten täglich mindestens 400 - 800 g Obst und Gemüse oder fünf Portionen („5-am-Tag-Regel") verzehrt werden (2). Eine Vielzahl von Inhaltsstoffen machen Obst und Gemüse besonders gesundheitsfördernd. Neben Vitaminen und Mineralien sind in den letzten Jahren vor allem die sogenannten sekundären Pflanzenstoffe ins Zentrum des ernährungswissenschaftlichen Interesses gerückt. Im Hinblick auf die gesundheitliche Situation der Bevölkerung, die angespannte finanzielle Lage der Krankenkassen und das relative Schattendasein der Ernährungsmedizin scheint es an der Zeit, die positiven Einflüsse einer Obst- und Gemüse-reichen Kost zusammenfassend darzustellen.

Teil 1: Einflüsse von Gemüse und Obst auf Herz-Kreislauf-Erkrankungen

In zahlreichen Studien konnten die gesundheitsfördernden Wirkungen einer Obst- und Gemüse-reichen Ernährung nachgewiesen werden. Panagiotakos et al. zeigten in einer Untersuchung mit 848 Patienten und 1078 Kontrollpersonen, dass diejenigen mit einem Obstverzehr im oberen Quintil im Vergleich zur Gruppe im unteren Quintil ein um 72% reduziertes Risiko für koronare Herzerkrankung (KHK) hatten. Pro täglich verzehrter Obstportion nahm das Ri-siko um 10% ab. Wurde mehr als 3 mal pro Woche Gemüse gegessen, sank das KHK-Risiko im Vergleich zu Gemüseverweigerern um 70% (3). In einer großen dänischen Studie mit 54506 Probanden, von denen innerhalb von 4 Jahren 266 wegen eines Schlaganfalls hospitalisiert wurden, fand man heraus, dass insbesondere eine Obst-reiche Ernährung das Schlaganfallrisiko deutlich reduzierte: das Quintil mit dem höchsten Obstkonsum hatte ein um 40% geringeres Risiko im Vergleich zum untersten Quintil (4). Wichtige Risikofaktoren für Herz-Kreislauf-Erkrankungen können durch eine Obst- und Gemüse-reiche Ernährung beeinflusst werden. Dazu gehören die Hyperlipoproteinämie, Adipositas (welche häufig wesentlich zur Entstehung von Bluthochdruck und Diabetes mellitus Typ 2 beiträgt), oxidativer Stress und erhöhte Homocysteinspiegel im Blut. Die positiven Wirkungen einer Obst- und Gemüse-reichen Ernährungsweise auf das Lipidprofil werden wesentlich auf den Gehalt an sekundären Pflanzenstoffen zurückgeführt. Ein Wirkungsnachweis konnte bisher erbracht werden für das zu den Carotinoiden gehörende Lykopen (5), mit Einschränkung für das Monoterpen D-Limonen (6), für Saponine (7), Sulfide (8) sowie die zu den Flavonoiden gehörenden Lignane (9). Lycopen hemmte in vitro die Aktivität des Schlüsselenzyms der Cholesterinsynthese 3-Hydroxy-3-Methyl-glutaryl-

Coenzym-A-Reduktase (HMG-Co-a-Reduktase) und senkte die Plasma-LDL-Konzentration beim Menschen in vivo (5). Auch D-Limonen und bestimmte Sulfide können dieses Enzym hemmen und so möglicherweise die Plasma-LDL-Konzentration senken (6,8). Die Cholesterin-senkende Wirkung einiger Saponine beruht wahrscheinlich einerseits auf der Bildung eines unlöslichen Saponin-Cholesterin-Komplexes im Intestinaltrakt, wodurch die Absorption des Cholesterins vermindert wird. Andererseits wird durch Saponine der enterohepatische Kreislauf der primären Gallensäuren gehemmt, so dass diese vermehrt mit den Faeces ausgeschieden werden. In der Folge müssen primäre Gallensäuren in der Leber aus dem körpereigenen Cholesterinpool neu synthetisiert werden, was zur Senkung des Gesamtcholesterinspiegels führt (7). Die Bedeutung der Lignane kann noch nicht abschließend beurteilt werden. Es gibt Tierversuche sowie epidemiologische und klinische Studien, die auf eine positive Wirkung dieser sekundären Pflanzenstoffe auf das Lipid- und Lipoproteinprofil im Plasma hinweisen (9). Darüber hinaus wurde in einer prospektiven Studie eine inverse Korrelation zwischen der Enterolacton-Konzentration im Plasma und dem Herzinfarktrisiko beschrieben. Enterolacton entsteht im Dickdarm durch Umwandlung aus verschiedenen Lignanen durch die Darmflora (9). Sulfide reduzieren das Risiko für Herz-Kreislauf-Erkrankungen auch noch durch ihre antithrombotische Wirkung, da sie die Thrombocytenaggregation hemmen und die Fibrinolyse aktivieren können (8). Ein ähnlicher Effekt wurde bei Flavonoiden beobachtet, allerdings in Konzentrationen, die beim Menschen durch Nahrungsaufnahme nicht zu erreichen sind (9). Auch Anthocyane sowie das fettlösliche Vitamin E können die Thrombocytenaggregation hemmen (10, 11).

Ein weiterer Risikofaktor für Arteriosklerose ist die Hypertonie. Nach Aufnahme von gefriergetrocknetem Knoblauchpresssaft konnte im Tierversuch eine blutdrucksenkende Wirkung beobachtet werden, ein Effekt, der auch durch Untersuchungen beim Menschen nach Knoblauchverzehr bestätigt wird. Statistisch signifikante Blutdrucksenkungen durch Knoblauchkonsum wurden allerdings nur in wenigen Studien festgestellt. Der wirksame Bestandteil in Knoblauch ist das Sulfid Allicin (8). Für die Entstehung der Arteriosklerose und damit von Herz-Kreislauf-Erkrankungen spielt auch oxidativer Stress in Form von freien Radikalen eine wesentliche Rolle. In der Nahrung enthaltene Antioxidantien können hier eine protektive Wirkung entfalten, wie zahlreiche Studien belegen. Vitamin E, Carotinoide und Vitamin C spielen in diesem Zusammenhang eine besondere Rolle, da sie radikalische Kettenreaktionen unterbrechen können, indem sie Elektronen abgeben, ohne dadurch selbst zu reaktionsfähigen Molekülen zu werden. Als wichtigster Vitamin-E-Vertreter gilt das Alpha-Tocopherol, das sich aufgrund seiner Lipophilie vor allem in biologischen Membranen einlagert, wo es durch Abgabe eines Wasserstoffatoms an ein Peroxylradikal zu einem reaktionsträgen Vitamin-E-Radikal wird, das die Kettenreaktion nicht fortsetzen kann. Vitamin C überführt dieses Vitamin-E-Radikal wieder in Vitamin E. Beide Vitamine wirken also synergistisch gegen Lipidperoxidation. Die Bedeutung dieser Wirkungen für die Gesundheit wurde in umfangreichen Studien belegt. In der sogenannten CHAOS-Studie (Cambridge Heart Antioxidant Study) wurden 2002 Koronarsklerose-Patienten für durchschnittlich 2 Jahre entweder mit Vitamin E oder Placebo supplementiert. In der Vitamin-E-Gruppe kam es bei 14 Patienten zu einem nicht-tödlichen Myokardinfarkt gegenüber 41 Patienten in der Kontrollgruppe, was einer Re-duktion um 77% entspricht. Kein Unterschied zwischen den Gruppen konnte bezüglich des Auftretens tödlicher Herzinfarkte festgestellt werden (12). Auch bei der italienischen GISSI-Studie mit 11324 Teilnehmern handelte es sich um sekundäre Prävention bei Herzpatienten. Die Einnahme von 300 I.E. Vitamin E täglich reduzierte das Risiko für Tod, nicht-tödlichen Herzinfarkt und Schlaganfall nicht signifikant um 11% gegenüber der Placebo-Gruppe, für koronarbedingten Tod um 25% und für plötzlichen Herztod um 35% (13). Es wird spekuliert, dass die unterschiedlichen Ergebnisse der CHAOS- und GISSI-Studien mit den verschiedenen Ernährungsgewohnheiten und eventuell einem genetischen Faktorzusammenhängen könnten. Die Nurses' Health Study wies ebenfalls auf eine kardioprotektive Wirkung von Vitamin E hin. Von den 87245 Studienteilnehmerinnen entwickelten während des 8jährigen Beobachtungszeitraums 552 eine schwere KHK. Bei denjenigen Frauen, die kein Vitamin E eingenommen hatten, war das Risiko für eine KHK verdoppelt (14). Die Untersuchung von 39910 männlichen Ärzten zwischen 40 und 75 Jahren ergab 667 Koronararterien-bedingte Zwischenfälle. Der Verzehr von mindestens 60 I. E. Vitamin E täglich führte zu einer Reduktion solcher Ereignisse um 36% (15). Eine Studie mit 34486 Frauen in der Postmenopause für 7 Jahre ergab 242 KHK-bedingte Todesfälle. Das Todesrisiko war in dem Quintil mit der niedrigsten Vitamin E-Aufnahme aus der Nahrung 58% höher als im höchsten Quintil. Mit der Nahrung aufgenommene Vitamine A und C oder Vitamin A, C oder E-haltige Nahrungsergänzungsmittel zeigten in dieser Studie keinen Effekt(16).

Zu gegenteiligen Ergebnissen kam eine Untersuchung mit 29133 Rauchern, von denen 1862 bereits vor Studienbeginn einen Herzinfarkt durchgemacht hatten. In dieser Untergruppe führte die tägliche Einnahme von 20 mg Beta-Carotin oder 50 mg Vitamin E oder beidem zwar zu einer Abnahme des Risikos für nicht-tödliche Herzattacken aber zu einer deutlichen Zunahme der Koronararterienbedingten Todesfälle. Dieser Effekt war in den mit Beta-Carotin supplementierten Gruppen besonders ausgeprägt (17). Vitamin E begünstigt eine gute Durchblutung nicht nur durch seine antiarteriosklerotische Wirkung, sondern auch indem es – ebenfalls aufgrund seiner antioxidativen Eigenschaften - die Normalisierung einer aktiven Gefäßerweiterung unterstützt (11). Dies wird u. a. durch eine Untersuchung an 22 gesunden Rauchern belegt. Durch die endotheliale NO-Freisetzung breitet sich eine Gefäßerweiterung in den Arteriolen in Richtung Arterien aus, ein Effekt, der durch Ultraschallmessungen an der A. brachialis objektiviert werden kann. Bei Rauchern führt die Einwirkung freier Radikaler aus dem Zigarettenrauch zu einer nachhaltigen Beeinträchtigung dieses gefäßerweiternden Mechanismus. Die Einnahme von 600 mg Vitamin E täglich für 4 Wochen führte dazu, dass die Gefäßerweiterung 20 Minuten nach dem Rauchen einer Zigarette deutlich länger anhielt als in der Placebogruppe. Nach 2 Stunden war jedoch kein Unterschied zwischen den Gruppen mehr nachweisbar. Vitamin E kann also die durch den Zigarettenkonsum hervorgerufenen akuten Mikrozirkulationsstörungen, nicht jedoch die chronisch verschlechterten Gefäßfunktionen positiv beeinflussen (18). Problematisch erscheint die Empfehlung einzelne Mikronährstoffe (hoch dosiert) zu substituieren. Die Effekte einer Obst- und Gemüsereichen Kost sind einer Substitutionstherapie scheinbar überlegen.

In einer veröffentlichten Studie wurde die Wirkung von Obst-Gemüse-Kapseln auf die Endothelfunktion untersucht. 38 gesunde Probanden erhielten entweder Obst-Gemüse-Kapseln oder diese plus ein weiteres Nahrungsergänzungsmittel (Inhaltsstoffe: Argininhydrochlorid, Coenzym Q10, L-Carnitin, Tocopherole, Ascorbinsäure, getrocknete

Beerensäfte und -extrakte, verschiedene Kräuterextrakte einschließlich Ginkgo Biloba, Hagedornbeere, Traubenhaut und -kerne und grüner Tee) oder Placebo für 4 Wochen. Die Endothelfunktion wurde anhand der blutflussübertragenen Brachialarteriendilatation mittels Ultraschall gemessen. Man stellte fest, dass die Einnahme der Obst-Gemüse-Kapseln allein oder in Kombination mit dem zweiten Nahrungsergänzungsmittel im Gegensatz zu Placebo die durch Verzehr einer fettreichen Mahlzeit ausgelöste Beeinträchtigung der Endothelfunktion reduzieren bzw. verhindern konnte. Vermutlich steht dieser Effekt im Zusammenhang mit dem durch die Fettmahlzeit ausgelösten vermehrten oxidativen Stress einerseits und der antioxidativen Wirkung der Nahrungsergänzungsmittel andererseits (19). Auch Vitamin C hat aufgrund seiner antioxidativen Eigenschaften eine hemmende Wirkung auf die Entstehung der Arteriosklerose, wie verschiedene Studien belegen. So konnte in einer Untersuchung mit Passivrauchern gezeigt werden, dass die Einnahme von 3 g Vitamin C 2 Stunden vor Rauchexposition den durch Zigarettenrauch ausgelösten Abfall der körpereigenen Antioxidantien hoch signifikant verminderte. Außerdem kam es zu einer signifikanten Abnahme der LDL-Peroxidation sowie der TBARS-Produktion, einem Marker für oxidativen Stress. Vitamin C konnte also das durch Passivrauchen ausgelöste atherogene Risiko senken (20). In einer anderen Studie wurde eine inverse Korrelation zwischen der Mortalität infolge Herzerkrankungen in England, Wales, Schottland, Norwegen und Israel einerseits und der errechneten Vitamin C-Aufnahme sowie den Spiegeln an Vitamin C, Carotinoiden und anderen Antioxidantien beschrieben (21). Eine weitere große prospektive Studie mit 6000 Patienten wies eine Assoziation von Herzinfarkt- und Schlaganfallmortalität mit niedrigen Plasmaspiegeln für alle wichtigen Antioxidantien nach (22).

Ebenso entfalten zahlreiche sekundäre Pflanzenstoffe zumindest einen Teil ihrer kardioprotektiven Wirkungen aufgrund ihrer antioxidativen Eigenschaften. Am Besten sind die Carotinoide untersucht. In einer Studie mit 1883 Männern mit Hyperlipidämie gab es im Verlauf von 13 Jahren im Quartil mit den niedrigsten Carotinoid-Spiegeln 40% mehr KHK-bedingte Zwischenfälle als im höchsten Quartil (23). Bei 25802 Patienten, die für 14 Jahre beobachtet wurden, war das niedrigste Quintil für ß-Carotin-Plasmaspiegel mit einem 2,3fach erhöhten Risiko für einen KHK-Zwischenfall assoziiert im Vergleich zum höchsten Quintil (24). Für das Carotinoid Lykopen konnte eine inverse Korrelation zwischen Gehalt im Fettgewebe und Herzinfarktrisiko festgestellt werden (5). Der Verzehr sekundärer Pflanzenstoffe aus der Gruppe der Flavonoide korrelierte in mehreren epidemiologischen Studien invers mit dem Sterblichkeitsrisiko für Herz-Kreislauf-Erkrankungen, wobei eine hohe Flavonoidaufnahme dieses Risiko um etwa ein Drittel senken konnte (9), was zumindest teilweise auf die antioxidativen Eigenschaften dieser Stoffgruppe zurückzuführen sein dürfte. Von den stark antioxidativ wirksamen Anthocyanen, die ebenfalls zu den Flavonoiden gerechnet werden, war es das Delphinidin, das zu einer starken endothelabhängigen Vasorelaxation führte. Es war dabei so wirksam wie ein Rotweinextrakt. Man schloss daraus, dass die vasorelaxierende Wirkung der Polyphenole aus Rotwein in erster Linie durch Delphinidin übertragen wird (10).

Ein weiterer wichtiger Risikofaktor für die Arteriosklerose ist ein erhöhter Homocysteinspiegel. Bei Homocystein handelt es sich um ein Zwischenprodukt des Methioninabbaus zum ausscheidungsfähigen Cystein. Durch Anhängen einer Methylgruppe kann aus Homocystein wieder Methionin gebildet werden. Dazu werden Folsäure und Vitamin B12 benötigt, während für den weiteren Abbau zu Cystein Vitamin B6 erforderlich ist. Ein erhöhter Homocysteinspiegel beeinträchtigt die Durchblutung und begünstigt die Arteriosklerose auf verschiedene Weise. Über eine Reduktion der NO-Bildung kommt es zu einer Beeinträchtigung der NO-übertragenen Vasodilatation. Außerdem beschädigt Homocystein in hoher Konzentration die Endothelschicht, was zur Aktivierung von Gerinnungsprozessen führt. Zusätzlich werden die Produktion aggressiver Sauerstoffradikaler und die LDL-Oxidation gesteigert. Bei rund der Hälfte der über 50Jährigen sowie bei bestimmten Erkrankungen ist der Homocysteinspiegel erhöht, wobei eine Zunahme um 50% das Risiko für eine kardiovaskuläre Erkrankung bereits verdoppelt (25). Als behandlungsbedürftig werden heute Werte über 9 µmol/l angesehen (25). Dabei sollte auch beachtet werden, dass die Deutschen nur etwa ein Drittel der empfohlenen Menge von 400 ug Folsäure pro Tag zu sich nehmen (26). Der Zusammenhang zwischen erhöhten Homocysteinwerten und Arteriosklerose bzw. ihren Folgeerkrankungen wurde durch eine Reihe von Studien belegt. Im „European Concerted Action Project" fand man bei 750 gefäßkranken Patienten im Vergleich zu 800 Kontrollpersonen um 16% höhere Homocystein-Plasmakonzentrationen. Bei erhöhten Homocysteinspiegeln war das Gefäßerkrankungsrisiko verdoppelt (27). Bei einer Gruppe von Ärzten mittleren Alters, die Homocysteinwerte > 15,8 µmol/l aufwiesen, fand man ein um den Faktor 3,1 erhöhtes Risiko innerhalb von 5 Jahren einen akuten Myokardinfarkt zu erleiden (28).

Die Vitamine Folsäure, Vitamin B6 und Vitamin B12 können den Homocysteinspiegel senken. Verschiedene Studien belegen den Zusammenhang zwischen erhöhten Homocystein- und erniedrigten Vitamin-Plasmakonzentrationen für Folsäure, Vitamin B6 und B12. Von 832 Männern erlitten in der Framingham Studie 97 einen Schlaganfall. Die Rate der Carotisstenosen war bei den Patienten mit Homocysteinspiegeln > 14,4 µmol/l doppelt so hoch wie bei denjenigen mit Werten < 9,1 µmol/l. Es bestand eine inverse Korrelation zwischen Plasmaspiegeln für Homocystein einerseits und Folsäure und Vitamin B6 andererseits (29). Bei 29% von 1160 Überlebenden der Original Framingham-Studie fand man Homocysteinspiegel > 14 µmol/l. 67% dieser Studienteilnehmer hatten gleichzeitig niedrige Vitamin B12, B6- oder Folsäurespiegel, wobei eine inverse Korrelation zwischen Homocystein- und Folsäure-Plasmakonzentrationen bestand (29). In einer Studie wurden die Homocystein-, Folsäure-, Vitamin B6- und B12-Spiegel von 60 KHK-Patienten mit einer mindestens 70%igen Stenose einer Hauptkoronararterie mit den entsprechenden Werten einer gleichgroßen Kontrollgruppe verglichen. Die mittleren Homocysteinkonzentrationen waren in der KHK-Gruppe mit 13,9 +/- 4,9 µmol/l signifikant höher als in der Kontrollgruppe (9,1 +/- 3,3 µmol/l). Keine Unterschiede fanden sich bezüglich der B-Vitamine. Allerdings waren die Folsäure-Konzentrationen von denjenigen Probanden, deren Plasma-Homocysteinkonzentrationen sich in den oberen beiden Quartilen bewegten, signifikant niedriger im Vergleich zu denjenigen in den unteren beiden Quartilen. Eine Zunahme der Folsäurekonzentration um 1 ng/ml führte zu einer Senkung des Homocysteinspiegels um 0,166 µmol/l (30). In einer weiteren Studie fand man bei 5056 Patienten, die über einen Zeitraum von 15 Jahren beobachtet wurden, für das Quartil mit den niedrigsten Folsäurespiegeln ein um 69% erhöhtes Risiko an den Folgen einer KHK zu sterben im Vergleich zum Quartil mit den höchsten Werten (31).

Zahlreiche Untersuchungen beweisen die Wirksamkeit einer Vitaminkombination aus Folsäure, Vitamin B6 und B12 bei erhöhtem Homocysteinspiegel. In einer Studie erhielten 51 Probanden mit Homocysteinwerten >14 µmol/l und 50 Probanden mit Konzentrationen < 14 µmol/l jeweils 2,5 mg Folsäure, 25 mg Vitamin B6 und 250 µg Vitamin B12. Per 2-D Ultraschall wurde die Plaquebildung in der A. carotis durchschnittlich 2,5 Jahre vor Beginn der Supplementierung bzw. 1,5 Jahre danach gemessen. In der Gruppe mit den hohen Homocysteinwerten nahm die Plaquebildung vor Supplementierung jährlich um 0,21 +/-0,41 cm2 zu, nach Vitamineinnahme kam es zu einer Reduktion um 0,049 +/- 0,24 cm2. In der Gruppe mit den weniger hohen Homocysteinspiegeln waren die entsprechenden Werte 0,13 +/-0,24 cm2 pro Jahr (Zunahme) bzw. 0,024 +/-0,29 cm2 pro Jahr (Abnahme) (32). In einer Placebo-kontrollierten Studie mit 553 KHK-Patienten und Zustand nach Angioplastie einer um mindestens 50% stenosierten Koronararterie führte die Einnahme von 1 mg Folsäure, 400 µg Vitamin B12 und 10 mg Vitamin B6 im Vergleich zur Placebogruppe zu einer Reduktion der Zahl für Tod, nicht-tödlichen Herzinfarkt sowie Notwendigkeit für erneute Angioplastie um 32% (33). Die Untersuchung von rund 80000 Krankenschwestern ergab, dass pro 100 µg täglich verzehrter Folsäure und pro 1 mg Vitamin B6 das KHK-Risiko um 6% abnahm (34). Die Wirksamkeit der Folsäuresupplementierung zur Senkung des Homocysteinspiegels wurde auch in einer 70tägigen Studie demonstriert: Bei Einnahme von 200 µg Folsäure/Tag wurde ein durchschnittlicher Homocysteinspiegel von 12,6 µmol/l gemessen, 300 µg Folsäuresupplement reduzierten ihn auf 8,4 µmol/l und bei Einnahme von 400 µg Folsäure täglich betrug die durchschnittliche Homocysteinkonzentration 7,7 µmol/l (35). Pro 1 µmol/l reduziertem Plasmahomocystein gehen die Autoren von einer 10%igen Risikominderung für KHK aus (35). Interessante Ergebnisse fand man auch mit Nieren-insuffizienten Patienten, die normale Folsäure-, Vitamin B6- und B12-Spiegel, aber erhöhte Nüchternwerte sowie Werte nach Methioninprovokation für Homocystein aufwiesen. Die Einnahme von Folsäure und Vitamin B12 verbesserte die Nüchtern-Homocysteinspiegel, zur Reduktion der provozierten Werte war jedoch Vitamin B6 erforderlich (36). Auch die Einnahme von Obst-Gemüse-Kapseln führte zu einer signifikanten Zunahme der Folsäurespiegel und einer signifikanten Abnahme der Plasmahomocysteinkonzentration, wie in einer Placebo-kontrollierten Doppelblindstudie mit 32 Männern gezeigt werden konnte. Es bestand eine ebenfalls signifikante umgekehrte Korrelation zwischen Folsäure- und Homocysteinkonzentration im Plasma (37).

Schlussfolgerung: Die positiven Wirkungen einer Obst- und Gemüse-reichen Ernährung auf Erkrankungen des Herz-Kreislauf-Systems sind durch zahlreiche Studien belegt. Bei Rauchern scheint dabei bezüglich der Supplementierung mit isoliertem und hoch dosiertem Beta-Carotin Vorsicht am Platz. Die Nahrungsergänzung mit Folsäure, Vitamin B6 und Vitamin B12 in ausreichender Dosierung sollte bei KHK- und Schlaganfallpatienten mit Homocysteinwerten > 9 µmol/l erwogen werden.

Teil 2: Einflüsse von Obst und Gemüse auf Krebserkrankungen

Auch für Krebserkrankungen sind zahlreiche Risikofaktoren bekannt. Dazu gehören z. B. Nikotinabusus, Strahlenexposition, bestimmte Viren und Bakterien, berufliche Exposition und ererbte Mutationen. Diese lassen sich durch eine Ernährungsumstellung nicht beeinflussen. Der Körper verfügt jedoch über eine Reihe von Abwehrmechanismen, die die Karzinogenese hemmen und die durch eine Obst- und Gemüse-reiche Diät positiv beeinflusst werden können. Eine solche Ernährung reduziert nachweislich das Krebsrisiko in Mundhöhle und Rachen, Speiseröhre, Magen, Dickdarm und Lunge. Auch das Risiko für Karzinome des Kehlkopfs, Pankreas, der Brust und der Blase kann wahrscheinlich gesenkt werden (2). Das Gesamtkrebsrisiko im Erwachsenenalter wurde durch eine Obst-reiche Diät in der Kindheit reduziert. Bei 483 von 3878 Personen wurde das Auftreten von Malignomen im Erwachsenenalter mit der 60 Jahre zuvor von den Eltern angegebenen Ernährung verglichen. Es zeigte sich, dass das Quartil mit dem höchsten Obstkonsum ein um nahezu 40% reduziertes Krebserkrankungsrisi-ko hatte (41). Umgekehrt konnte in verschiedenen Studien gezeigt werden, dass ein täglicher Obst-Gemüse-Verzehr im untersten Quartil das Krebsrisiko für die meisten Organe im Vergleich zum obersten Quartil verdoppelte (42). In einem Bericht des American Institute for Cancer Research von 1997 geht man davon aus, dass jährlich 3 - 4 Mio. Krebserkrankungen verhindert werden könnten und dass eine Obst-Gemüse- und Getreideprodukt-reiche Ernährung wesentlich dazu beitragen kann (43).

Große epidemiologische Studien mit 6000 Patienten (Basel I-III) bewiesen einen Zusammenhang zwischen Krebsmortalität und niedrigen Carotin- und Vitamin-C-Spiegeln (22, 44). In einer Untersuchung von 99 Lungenkrebspatienten war das niedrigste Quartil für Vitamin E mit einem um den Faktor 2,5 erhöhten Risiko für alle Lungenkrebsarten assoziiert, das niedrigste Quintil für Beta-Carotin ging mit einem um das 4,3fache erhöhten Risiko für squamöses Bronchial-Karzinom einher (45). Eine 6 Jahre dauernde Studie mit 47894 Männern, von denen 812 an Prostata-Karzinom litten, untersuchte den Zusammenhang zwischen Lykopenspiegel und Krebsrate. Diejenigen Männer mit Lykopenplasmakonzentrationen im höchsten Quintil hatten im Vergleich zu denen im niedrigsten Quintil eine um 45% reduzierte Krebshäufigkeit (46). Lykopen schien auch vor Krebs im Mundbereich, der Speiseröhre, dem Magen sowie dem Dünn- und Dickdarm zu schützen (47,48). Auch Folsäure war mit einer Abnahme von Dickdarmkrebs assoziiert (49). Andererseits ließ sich die Vermutung, die antioxidativen Vitamine A und E würden vor Krebserkrankungen schützen, in einer auf 10 Jahre angelegten Studie mit 29133 männlichen starken Rauchern nicht bestätigen. Die Untersuchung wurde nach 8 Jahren vorzeitig abgebrochen als man feststellte, dass die Einnahme von Beta-Carotin zu einer 18%igen Zunahme der Lungenkrebsinzidenz und einer 8%igen Zunahme der Gesamtmortalität geführt hatte (50). In einer anderen Placebo-kontrollierten Doppelblindstudie wurde die Wirkung von 25000 I.E. Vitamin A und 30 mg Beta-Carotin pro Tag auf das Krebsrisiko von 18314 Rauchern und Asbest-Arbeitern untersucht. Auch diese Untersuchung musste vorzeitig abgebrochen werden, da es in der supplementierten Gruppe zu 28% mehr Lungenkrebserkrankungen und 46% mehr Todesfällen infolge Lungenkrebs gekommen war (51). Diese Ergebnisse konnten durch eine Studie mit 22071 männlichen Ärzten, die 12 Jahre lang täglich 50 mg Beta-Carotin einnahmen, nicht bestätigt werden. In dieser Gruppe stellte man keinen Einfluss auf Krebsrisiko oder Gesamtmortalität fest (52). Interessante Ergebnisse lieferte in diesem Zusammenhang eine Untersuchung der Mutationsfrequenz (MF) bei T-Lymphocyten von 158 Lungenkrebspatienten und 154 Kontrollpersonen. Die MF war in Abhängigkeit vom Verzehr von Gemüse, Zitrusfrüchten und Beeren sowie der errechneten

Vitamin-C-Aufnahme mit der Nahrung signifikant vermindert. Bezüglich der Carotinoidaufnahme aus der Nahrung beobachtete man eine U-förmige Beziehung, d. h. sowohl niedriger als auch hoher Carotinoidverzehr waren mit höheren MFen verbunden als der mittlere Bereich, der in etwa der durchschnittlichen Carotinoidaufnahme entsprach. Ähnlich verhielt es sich mit Beta-Carotin (53). Vom Bundesinstitut für Risikobewertung wird inzwischen empfohlen bei Rauchern und Patienten mit vorgeschädigter Lunge die Einnahme von Beta-Carotin aus Nahrungsergänzungsmitteln auf täglich 20 mg zu begrenzen.

Außer für die Carotinoide wurden noch für zahlreiche andere sekundäre Pflanzenstoffe krebsprotektive Eigenschaften beschrieben. So konnte für die Monoterpene D-Limonen und D-Carvon eine Krebs-hemmende Wirkung im Tierversuch für Lungen-, Magen- und Brust-Karzinome nachgewiesen werden, sofern die Einnahme vor der Applikation des Karzinogens erfolgte. D-Limonen sowie Perillylalkohol konnten bei Ratten sogar die Rückbildung primärer Brusttumoren bewirken. Der potenziellen krebstherapeutischen Wirkung dieser beiden Monoterpene beim Menschen wird zur Zeit in klinischen Studien (Phase I und II) nachgegangen (6). In zahlreichen epidemiologischen Studien wurde eine inverse Korrelation zwischen der Aufnahme an Kohlgemüse und dem Risiko für Dickdarm-Karzinom und andere Tumorarten festgestellt. Der tägliche Verzehr von 2 Portionen Kohlgemüse soll das relative Risiko für bestimmte Tumorarten halbieren. Für diesen Effekt sind zumindest zum Teil die Glucosinolate verantwortlich (54). Die zu dieser Gruppe gehörenden Isothiocyanate und Thiocyanate hemmten im Tierexperiment die Krebsentstehung in Lunge, Magen, Speiseröhre, Leber und Brust, wenn sie vor der jeweiligen Krebs-induzierenden Substanz verabreicht wurden. Sulforaphan, ein anderes Glucosinolat, konnte selektiv die Proliferation von humanen Dickdarmkrebszellen hemmen. Auch für das Indol-haltige Glucosinolat Indol-3-Carbinol wurden im Tierversuch antikanzerogene Wirkungen beobachtet. Es schützte vor hormonabhängigen Tumoren wie Brust- und Prostata-Karzinom. In vitro-Versuche zeigten eine Wachstumshemmung von Brustkrebszellen auch unabhängig vom Östrogenrezeptor. Außerdem gibt es Hinweise, dass Indol-3-Carbinol Prozesse der Metastasierung beeinflussen kann (54). Phenolsäuren können die Bildung von Mutagenen bzw. Kanzerogenen während der Nahrungszubereitung sowie im Gastrointestinaltrakt hemmen. Die Phenolsäure Ellagsäure konnte im Tierversuch chemisch induzierte Karzinome in Lunge und Speiseröhre verhindern, während Kaffee- und Ferulasäure die Entstehung von induziertem Magenkrebs hemmten (55). Interessante Untersuchungen liegen auch mit Sulfiden bzw. Sulfid-reichen Gemüsen vor. In epidemiologischen Studien wurde ein Zusammenhang zwischen dem Verzehr von Sulfid-haltigen Gemüsearten wie Zwiebeln und der Magenkrebs-Inzidenz beobachtet. Ein hoher Verzehr von Zwiebeln und anderen Liliengewächsen reduzierte das Magen-Karzinom-Risiko in Studien in China, Griechenland und Hawaii. In einer prospektiven Studie wurde bei täglichem Verzehr von >= 1/2 Zwiebel nach einem Beobachtungszeitraum von 3,3 Jahren eine signifikante Abnahme des Magenkrebsrisikos beobachtet. Knoblauchprodukte und Lauch waren in dieser Untersuchung unwirksam. Die genannten Liliengewächse schützten auch nicht vor Lungen-, Brust- und Dickdarmkrebs. Dem widersprechen retrospektive Studien, die bei hohem Zwiebelverzehr ein reduziertes Dickdarmkrebsrisiko fanden. Eine Knoblauch-reiche Diät korrelierte in 27 von 35 Untersuchungen invers mit dem Krebsrisiko. Außerdem konnte im Tierversuch eine antikanzerogene Wirkung der Sulfide für Speiseröhre, Magen, Dickdarm Brust und Lunge nachgewiesen werden (8).

Für Flavonoide wurde in epidemiologischen Studien bisher kein positiver Einfluss auf die Krebsentstehung festgestellt. In vitro- und Tierversuche mit pharmakologischen Dosen wiesen dagegen antikanzerogene Eigenschaften nach. Wegen der hohen Dosierung sind die Ergebnisse jedoch von fraglichem Wert. In Abhängigkeit von der untersuchten Spezies schützten Flavonoide im Tierversuch vor Dickdarm-, Brust- und Hautkrebs. Erfolgte die Flavonoidzufuhr über Äpfel, konnte beim Menschen eine Schutzwirkung gegenüber Lungenkrebs festgestellt werden (9). Eine Sonderrolle bei den Flavonoiden spielen die sogenannten Phytoöstrogene, zu denen die Isoflavone, Lignane und Coumestane gerechnet werden. Da Coumestane nur in sehr wenigen pflanzlichen Lebensmitteln enthalten sind, spielen sie für die Ernährung des Menschen eine untergeordnete Rolle. Internationale Krebsstatistiken konnten zeigen, dass hormonabhängige Krebserkrankungen wie Brust- und Prostatakrebs in asiatischen Ländern mit traditionell hohem Verzehr Isoflavon-reichen Sojas wesentlich seltener auftreten als in westlichen Industrieländern. Hohe Phytoöstrogen-Plasmaspiegel korrelierten in verschiedenen Untersuchungen mit einem verringerten Brustkrebsrisiko. In prospektiven Studien konnte bisher jedoch kein protektiver Effekt von Phytoöstrogenen gegenüber Brust-Karzinom nachgewiesen werden. Tierexperimente mit weiblichen Ratten zeigten, dass mit Soja oder dem Sojaisoflavon Genistein supplementiertes Futter die Inzidenz und Wachstumsrate chemisch induzierter Mammatumoren signifikant verringerte, sofern diese Supplementierung bei neugeborenen oder präpubertären Ratten stattfand. Die Verfütterung von Genistein bzw. einem Sojaproteinisolat führte bei Mäusen mit implantierten menschlichen östrogenabhängigen Brustkrebszellen (MCF-7-Zellen) dagegen zu einer Beschleunigung des Tumorwachstums. Diese Ergebnisse wurden durch in vitro Untersuchungen mit MCF-7- Zellen bes-tätigt. Niedrige Isoflavon-Konzentrationen entsprechend den Plasmaspiegeln beim Menschen nach Verzehr von Sojaprodukten stimulierten die Tumorzellproliferation und nur hohe Konzentrationen führten zur Wachstumshemmung. Ein unerwünschter östrogener Stimulus auf das Brustdrüsengewebe prä- und postmenopausaler Frauen wurde auch in klinischen Studien beobachtet (56). Kulling und Watzl spekulieren aufgrund dieser Ergebnisse, dass die hoch dosierte Aufnahme von Phytoöstrogenen bei Frauen mit Mamma- Karzinom, präkanzerogenen Brustveränderungen oder genetischer Disposition für Brustkrebs kontraindiziert sein könnte (56).

Tierexperimentelle Untersuchungen mit Phytoöstrogenen bei Prostata-Karzinom ergaben in Abhängigkeit von Hormonrezeptorstatus und Tumorstadium unterschiedliche Ergebnisse. Immundefiziente Nacktmäuse mit implantierten androgensensitiven LNCaP-Prostatakrebszellen erhielten entweder normales oder mit Phytoöstrogenen aus Sojaproteinisolat oder Roggenkleie supplementiertes Futter. In der verum-Gruppe war das Wachstum der Tumorzellen verzögert. Auch mit dem Isoflavon Genistein versetzte Nahrung hemmte die Entwicklung chemisch induzierter Prostata-Tumoren. Bei Männern mit Prostata-Karzinom führte der tägliche Verzehr von 160 mg Isoflavonen in Form eines Rotklee-Extraktes für durchschnittlich 20 Tage zu einer signifikanten Zunahme der Apoptoserate bei Tumorzellen niedriger bis mittlerer Aggressivität. Diese Ergebnisse passen zu den Beobachtungen, dass bei asiatischen Männern mit traditionell hoher Soja- und damit Phytoöstrogenaufnahme zwar die latenten Prostatatumoren ähnlich häufig sind wie im Westen, die Inzidenz aggressiver, wenig differenzierter Prostata-Karzinome jedoch wesentlich niedriger ist. Ein gegenteiliges Ergebnis fand man bei tierexperimentellen Untersuchungen mit Ratten, denen androgenunabhängige Prostatakrebszellen (AT-1) implantiert worden waren. Während die Supplementierung des Futters in niedriger bis mittlerer Dosierung keinen Einfluss auf das Tumorwachstum ausübte, kam es bei höchsten Konzentrationen zu einer Zunahme der Zellproliferationsrate. Zusammenfassend deuten die bisher vorliegenden Ergebnisse also darauf hin, dass Isoflavone bei androgenabhängigen Prostata-Karzinomen im Frühstadium einen protektiven Einfluss haben können, in allen anderen Fällen jedoch nicht von einer Schutzwirkung ausgegangen werden kann (56).

Protektive antikanzerogene Wirkungsmechanismen von sekundären Pflanzenstoffen Sekundäre Pflanzenstoffe können zahlreiche körpereigene Krebsabwehrsysteme aktivieren oder modulieren und so ihre antikanzerogenen Wirkungen ausüben. Die Schädigung der DNS durch freie Radikale trägt zur Krebsentstehung bei. Eine Reihe von sekundären Pflanzenstoffen hat antioxidative Eigenschaften, die zu ihrer antikanzerogenen Wirkung beitragen. Dazu gehören die Carotinoide (5), Glucosinolate wie Sulforaphan (54), Phenolsäuren (55), Sulfide (8) und Flavonoide (9). Ein anderer antikanzerogener Wirkungsmechanismus führt über die Hemmung Cytochrom-P450-abhängiger sogenannter Phase-I-Enzyme, die ihrerseits Prokarzinogene aktivieren und so tumorbegünstigend wirken. Diese Wirkungsweise ist nachgewiesen bzw. wird diskutiert für verschiedene Glucosinolate (54), Phenolsäuren (55), Sulfide (8) und einige Flavonoide (9). Es gibt aber auch sekundäre Pflanzenstoffe aus den genannten und anderen Gruppen, die zur Aktivierung von Phase-I-Enzymen führen, z. B. das Monoterpen D-Limonen (6), das Glucosinolat Indol-3-Carbinol (54) sowie bestimmte Flavonoide (9). Diese Substanzen bedienen sich anderer Mechanismen, um insgesamt dennoch antikanzerogen zu wirken. So besteht die Möglichkeit sogenannte Phase-II-Enzyme (z. B. Glutathion-S-Transferase, Glucuronyltransferase) zu aktivieren. Diese hemmen die Bildung von Karzinogen-DNS- Addukten und führen gleichzeitig zu einer vermehrten Ausscheidung von Karzinogenen. Dadurch reduzieren sie das Krebsentstehungsrisiko. Über die Aktivierung von Phase-II-Enzymen wirken nachweislich oder wahrscheinlich Monoterpene wie D-Limonen (6), Glu-cosinolate wie Sulforaphan und Indol-3-Carbinol (54), Phenolsäuren (55), Sulfide (8) und Flavonoide (9). In einer Studie verzehrten Raucher täglich 171 g Brunnenkresse, die reich an Glucosinolaten ist. Nach 3 Tagen stellte man eine signifikante Zunahme der ausgeschiedenen Karzinogene (wie glukuronidierte Nikotinmetaboliten) fest (54).

Eine antikanzerogene Wirkung kann auch durch Aktivierung der Apoptose, also des programmierten Zelltodes, ausgeübt werden. Dieser Wirkungsmechanismus konnte gezeigt werden für das Monoterpen Perillylalkohol (6), das Glucosinolat Sulforaphan (54), das fettlösliche Sulfid DADS (Diallyldisulfid) (8), die Flavonoide Quercetin und Tangeritin (9) und das Phytoöstrogen Genistein (56). Andere antikanzerogene Wirkungsmechanismen werden nur vor einzelnen sekundären Pflanzenstoffen wahrgenommen:
-        Die Kommunikation über sogenannte gap junctions, die dem interzellulären Informationsaustausch dient und Zellwachstum und –differenzierung beeinflusst, kann über Carotinoide verbessert werden, indem diese die Expression von mRNA für Connexin erhöhen (5).

- Eine Aktivierung des Immunsystems konnte ebenfalls für Carotinoide nachgewiesen werden. So steigerte Beta-Carotin in einer Dosis bis zu 25 mg täglich die Aktivität der natürlichen Killerzellen bei Männern über 65 Jahren. In der Altersgruppe 51 - 65 Jahre war die Sekretion von Tumor-Nekrosis-Faktor Alpha (TNF-Alpha) erhöht. Außerdem konnte die Nahrungsergänzung mit Beta-Carotin eine durch UV-Strahlung in der Haut ausgelöste lokale Immunsuppression verhindern (5). Saponine erhöhten die Aktivität tumorzerstörender Immunzellen wie natürlicher Killerzellen oder zytotoxischer T-Lymphocyten (7).

- Das Zytokin Transforming Growth Factor ß (TGF-ß) trat vermehrt auf, wenn das Monoterpen D-Limonen zur Behandlung von Tumorgewebe verwendet wurde. Gleichzeitig kam es zur Redifferenzierung von Tumorzellen. Man vermutet, dass D-Limonen die Aktivierung dieses Faktors bewirkt (6).

- Sogenannte Ras-Proteine funktionieren als molekulare Schalter bei Signalübertragungswegen, die an der Regulation von Zellwachstum und differenzierung beteiligt sind. Mo-noterpene - vor allem Perillylalkohol und Perillinsäure - konnten die Einlagerung des Ras-Proteins in die Zellmembran verhindern und dadurch die Auslösung der für die Zellteilung und Tumorentstehung wichtigen Signalkaskade unterdrücken. Die für diesen Effekt erforderlichen Plasmakonzentrationen sind über die Ernährung jedoch nicht zu erreichen (6).

- Verschiedene Enzyme wie Proteinkinase C und Tyrosinkinase sind an der Regulation der Zellproliferation, Angiogenese und Apoptose beteiligt. Flavonoide können diese Schlüsselenzyme der Signalübertragung hemmen und dadurch einen Teil ihrer krebsprotektiven Wirkungen entfalten (9).

- Während der Nahrungszubereitung sowie im Gastrointestinaltrakt können Nitrosamine entstehen, die kanzerogene Eigenschaften haben. Die (z. B. in Tomatensaft enthaltenen) Phenolsäuren p-Coumarsäure und Chlorogensäure unterdrückten in vitro die Bildung dieser Substanzen (55). Auch Sulfide konnten die endogene Nitrosaminbildung verrin-gern, indem sie das bakterielle Wachstum im Magen hemmten. Infolgedessen stand nur eine geringere Bakterienzahl zur Reduktion von Nitrat zu Nitrit zur Verfügung, was wiederum eine verminderte Nitrosaminbildung zur Folge hatte (8).

- Durch kovalente Bindung an ein Kanzerogen können biologisch inaktive Produkte entstehen. Die Phenolsäuren Ferula-, Kaffee-, Chlorogen- und am stärksten Ellagsäure reagierten in zellfreien Systemen direkt mit stark kanzerogen wirkenden polyzyklischen a-romatischen Kohlenwasserstoffen. In Abhängigkeit von der Dosierung konnte deren Mutagenität so um > 90% reduziert werden (55).

- Für die Krebsentstehung spielt die Bindung des aktivierten Karzinogens an die DNS eine besondere Rolle. Die Phenolsäure Ellagsäure konnte diese Bindung verhindern indem sie selbst kovalent an DNS gebunden wurde und so die Bindungsstelle für Kanzerogene blockierte. Dieser Effekt konnte in vitro für Zellen verschiedener Organe nachgewiesen werden (55). Auch Flavonoide wirkten auf diese Art antikanzerogen, allerdings in Konzentrationen, die im Plasma nicht erreicht werden (0,1 - 1 mM) (8).

- Für hormonabhängige Tumoren sind sekundäre Pflanzenstoffe mit Phytoöstrogenwirkung von besonderer Bedeutung. Die sogenannten Phytoöstrogene gehören chemisch zu den Polyphenolen. Als wichtigste Vertreter werden die Isoflavone und die Lignane angesehen. Sie wirken im Körper ähnlich wie 17ß-Östradiol, ihre östrogene Wirkung ist jedoch mindestens um den Faktor 100, meist um 1000 bis 10000 geringer. In Abhängigkeit von der Zufuhr können die Pflanzenhormone andererseits auch 100- bis 10000-fach höhere Plasmaspiegel als die endogenen Östrogene erreichen. Je nach endogenem Östrogenspiegel wirken die Pflanzenöstrogene blockierend (bei hohem 17ß-Östradiolspiegel) oder imitierend (bei niedrigen Konzentrationen) (56).

- Die Östrogenwirkung lässt sich außerdem durch Beeinflussung der Metabolisation modifizieren. Aus Östradiol entsteht durch Hydroxylierung am C-16a-Atom 16a-Hydroxyöstron, Hydoxylierung am C-2-Atom führt zur Bildung von Catechol-Östrogen. Ersteres hat eine stärkere Östrogen- und damit brustkrebsfördernde Wirkung als Letzteres. Durch Enzyminduktion kann das Glukosinolat Indol-3-Carbinol dieses Gleichgewicht zugunsten des schwächer wirkenden 2-Catechol-Östrogen beeinflussen, das anscheinend eine protektive Wirkung gegenüber Östrogen-abhängigen Krebsarten ausübt. In klinischen Studien konnte diese Wirkung von Indol-3-Carbinol dokumentiert werden. Die tägliche Aufnahme von 500 mg Indol-3-Carbinol oder von 500 g Brokkoli führte zur Steigerung der Catechol-Östrogensynthese und der Ausscheidung des Abbauproduktes Catechol-Östron im Urin. Die Mindestdosis scheint bei 300 mg Indol-3-Carbinol zu liegen. Auch der Verzehr von ca. 200 g Kohlgemüse täglich für 5 Wochen führte bei postmenopausalen Frauen zu einem für die Prävention von Mamma-Karzinomen günstigeren C2-/C-16Alpha-Östrogenverhältnis (54).

Schlussfolgerung: Die Bedeutung einer Obst- und Gemüse-reichen Ernährung für die Krebsprävention wird durch die vorliegenden Ergebnisse belegt. Inwieweit vergleichbare Wirkungen durch Nahrungsergänzungsmittel erreicht werden können, kann bisher nicht beantwortet werden, da entsprechende Untersuchungen fehlen. Die meisten Studien wurden mit Einzelsubstanzen durchgeführt, während zur Prävention von Krebserkrankungen das Zusammenspiel einer Vielzahl von Inhaltsstoffen erforderlich ist. Diese Tatsache wiederum erschwert nachhaltig das Design geeigneter Studienprotokolle. Der Einsatz von Monopräparaten kann dennoch im Einzelfall erwogen werden. So könnte bei latentem Prostata-Karzinom der Verzehr von Lykopen, Isoflavonen oder Indol-3-Carbinol in Frage kommen. Letzteres könnte auch bei Brustkrebs-gefährdeten Frauen als mögliche Nahrungsergänzung bei unzureichendem Gemüseverzehr in Betracht kommen. In diesem Zusammenhang soll auch eine Studie mit Obst-Gemüse-Kapseln erwähnt werden. Nach Einnahme dieses Supplements für 80 Tage wurde mittels des sogenannten COMET- Tests die Zahl der DNS-Brüche in peripheren Lymphocyten gemessen. Die Nahrungsergänzung führte zu einer hoch signifikanten Abnahme von DNS-Brüchen um durchschnittlich 67% unabhängig von Geschlecht oder Raucherstatus (57). Möglicherweise können Patienten, die sich nicht jeden Tag ausreichend mit Obst und Gemüse versorgen, von einem derartigen Nahrungsergänzungsmittel profitieren. Hierzu sind aber weitere Studien notwendig.

Teil 3: Einflüsse von Obst und Gemüse auf andere Erkrankungen

Auch verschiedene andere Erkrankungen sowie das Immunsystem können durch den Verzehr ausreichender Mengen Obst und Gemüse positiv beeinflusst werden. Dazu gehören am Auge der Katarakt sowie die altersabhängige Makuladegeneration. In der Pathogenese beider Krankheiten spielen freie Radikale eine Rolle. Verschiedene Studien konnten zeigen, dass ein hoher Verzehr der Antioxidantien Ascorbinsäure, Tocopherol und Carotinoide mit einer

Verzögerung der Kataraktentwicklung einherging (58). Andererseits zeigte eine 15 Jahre dauernde finnische Studie für Patienten mit den niedrigsten Alpha-Tocopherol- und Beta-Carotin-Spiegeln ein um den Faktor 3 erhöhtes Kataraktrisiko (59). Die Nachkommen von Ratten, welche während der Tragzeit oxidativem Stress ausgesetzt waren, hatten Katarakte. Dies konnte durch Zusatz von Antioxidantien zum Futter der trächtigen Ratten verhindert werden (61). Schließlich gibt es Hinweise aus verschiedenen epidemiologischen Studien, dass eine hohe alimentäre Aufnahme der Carotinoide Lutein und Zeaxanthin mit einem verringerten Kataraktrisiko einhergeht (5). Diese sekundären Pflanzenstoffe spielen auch für die Prävention der altersabhängigen Makuladegeneration eine Rolle. So war in der „Eye Disease Case-Control Study" das Risiko einer Makuladegeneration bei einer Gesamtcarotinoidkonzentration im Plasma von $>=$ 2,39 µmol/l und einer Lutein/Zeaxanthinkonzentration von $>$ 0,67 µmol/l am niedrigsten. Dieses Ergebnis wurde in weiteren Untersuchungen nicht bestätigt (5). Allerdings fand man, dass der tägliche Verzehr von einer Portion grünen Blattgemüses das Risiko für altersabhängige Makuladegeneration um 86% senkte (61).

Neurologisch-psychiatrische Erkrankungen wie M. Alzheimer und Depressionen scheinen nach derzeitigem Kenntnisstand in ihrem Verlauf ebenfalls durch eine Obst-Gemüse-reiche Ernährung bzw. Nahrungsergänzung beeinflussbar. So erhielt in einer 2 Jahre dauernden Studie mit 341 Alzheimerpatienten die eine Gruppe allein den MAO-Hemmer Selegilin, die andere zusätzlich 1200 I.E. Vitamin E. Die zusätzliche Vitamineinnahme führte zu einer signifikanten Verzögerung des Todeszeitpunktes sowie des Zeitpunktes der Institutionalisierung der Patienten (62). In der Pathogenese von Depressionen spielt Serotoninmangel an den Synapsen efferenter Neuronen eine Rolle. Folsäure kann zur Erhöhung der Serotoninkonzentration an diesen Nervenumschaltstellen beitragen. In verschiedenen Studien mit depressiven Patienten fand man bei 15 - 38% erniedrigte Folsäurespiegel ($<$ 200 ng/ml Folsäure in Erythrocyten, $<$ 2,5 ng/ml im Plasma). Bezüglich Dauer und Schweregrad ausgeprägtere Formen der Depression waren mit niedrigeren Folsäurespiegeln assoziiert (63, 64). Auch die Resistenz gegenüber üblichen therapeutischen Maßnahmen war bei Patienten mit Folsäuremangel größer (65, 66). Wurde bei erniedrigten Folsäure-Plasmaspiegeln eine Substitution durchgeführt, konnte der Zeitraum der Hospitalisierung abgekürzt werden und die Stimmungslage sowie die sozialen Funktionen verbesserten sich im Vergleich zu nicht supplementierten depressiven Patienten (66). In einer kontrollierten Doppelblindstudie mit Lithium-therapierten manischen bzw. manisch-depressiven Patienten führte die tägliche Einnahme von 200 µg Folsäure zu einer Reduktion der Dauer und Häufigkeit von Erkrankungsschüben (63). Eine weitere Placebo-kontrollierte Untersuchung mit 24 depressiven Patienten mit nachgewiesenem Folsäuremangel ergab, dass der Verzehr von 15 mg Methyltetrahydrofolat pro Tag im Vergleich zur Kontrollgruppe eine signifikante Verbesserung nach 3 und 6 Monaten bewirkte (68). Die Einnahme von 50 mg dieser Substanz führte bei älteren depressiven Patienten bereits nach 6 Wochen zu einer deutlichen Verbesserung der Symptomatik (69).

Aber selbst bei Gesunden konnte die Stimmungslage durch die Einnahme eines aus getrocknetem Obst und Gemüse hergestellten Nahrungsergänzungsmittels verbessert werden. Die Doppelblindstudie mit Crossover-Design dauerte 14 Wochen mit Wechsel von Verum-

und Placebopräparat nach 7 Wochen. Die teilnehmenden 26 Männer und 33 Frauen im Alter von 40 bis 60 Jahren füllten zu Beginn der Untersuchung, nach 7 und nach 14 Wochen einen Fragebogen zu ihrer Stimmungslage aus. Es wurde festgestellt, dass die Supplementierung zu einer signifikanten Zunahme der Plasmaspiegel von ß-Carotin, Vitamin C, Vitamin E und Folsäure führte. In der ersten Gruppe kam es infolge der Einnahme des Nahrungsergänzungsmittels bei den beteiligten Männern zu einer signifikanten Abnahme von Introvertiertheit und Müdigkeit. Bei den Frauen bestand in beiden supplementierten Gruppen ein nicht signifikanter Trend zu verminderter Introvertiertheit, Müdigkeit und depressiver Verstimmung. Darüber hinaus kam es in Gruppe 1 bei den Frauen nach Beendigung der Nahrungsergänzung zu einer signifikanten Zunahme der Introvertiertheit (70). Auch wenn die untersuchte Gruppe klein und die Studiendauer relativ kurz war, sind dies bemerkenswerte Ergebnisse, die durch umfangreichere und länger dauernde Untersuchungen verifiziert werden sollten.

Auch zahlreiche Funktionen des Immunsystems können durch eine Obst- und Gemüsereiche Ernährung beeinflusst werden. Insbesondere ältere Menschen leiden an einer zunehmenden Immunschwäche, die teilweise auf einem Mangel an wichtigen Mikronährstoffen zu beruhen scheint. In einer Placebo-kontrollierten Studie erhielten 88 Patienten > 65 Jahre 60, 200 oder 800 mg Vitamin E täglich. Die 200 mg-Dosis führte zu einer um 65% verbesserten zellulären Immunantwort, gemessen als Reaktion auf einen an der Haut durchgeführten Hypersensitivitätstest. Die humorale Antwort auf Hepatitis-B- und Tetanus-Booster-Impfungen nahm um den Faktor 6 zu. Gleichzeitig traten während der 4,5-monatigen Studiendauer in der Vitamin E-Gruppe 30% weniger Infektionen auf (71). In einer anderen Studie erhielten ältere hospitalisierte Patienten 4 Wochen lang die Vitamine A, C und E. Man beobachtete eine Zunahme der CD4- und CD8-Lymphocytenzahl und eine verbesserte Lymphocytenproliferation nach Mitogenstimulation (72). Die Einnahme von Obst-Gemüse-Kapseln durch 48 ältere Personen für 80 Tage verbesserte ebenfalls eine Reihe von Immunfunktionen wie spontane und Mito-gen-stimulierte T-Zellproliferation, natürliche Killerzellfunktion, sowie Produktion der Interleukine 2 und 6 durch stimulierte mononukleäre Zellen. Lediglich die B-Zellantwort auf Stimulation mit LPS war reduziert. Auch dieses Ergebnis wurde von den Autoren positiv bewertet, da bei älteren Menschen häufig eine Überaktivität bezüglich der Antikörperproduktion besteht (73).

Auch zahlreiche sekundäre Pflanzenstoffe können das Immunsystem auf unterschiedlichste Weise modulieren. So führte die Aufnahme des Glukosinolates Indol-3-Carbinol für 1 Woche in einer Dosierung von 50 bzw. 150 mg/kg Körpergewicht x Tag im Tierversuch zu einer verstärkten zellulären Immunantwort bei gleichzeitig verringerter Aktivität der natürlichen Kil-lerzellen (54). Inhaltsstoffe von Knoblauch – namentlich Sulfide, aber auch immunstimulierende Proteine - konnten beim Menschen die lytische Wirkung natürlicher Killerzellen steigern. Das wasserlösliche Sulfid Alliin stimulierte die Proliferation und Zytokinproduktion von Lymphocyten sowie die Phagozytosekapazität von Granulocyten bzw. Makrophagen. Die Mitogen-stimulierte Lymphocytenproliferation konnte durch das Sulfid DADS (Diallyldisulfid) gesteigert werden (8). Auch Flavonoide haben vielfältige Wirkungen auf das Immunsystem, die insgesamt zur Hemmung von Entzündungsreaktionen führen.

Inwieweit die z. T. widersprüchlichen Ergebnisse auf die Situation beim Menschen übertragen werden können, ist zur Zeit noch unklar (9).

Für eine Reihe sekundärer Pflanzenstoffe wurden antimikrobielle Eigenschaften festgestellt. In vitro erwies sich das im Bohnenkraut vorkommende Monoterpen Carvacrol als besonders effektiv gegenüber lebensmittelrelevanten pathogenen Keimen (6). Auch Glukosinolate wie Isothiocyanate und Thiocyanate sind antimikrobiell wirksam. Durch den Verzehr von 10 bis 40 g Kresseblätter oder Meerrettichwurzeln konnten in den Harnwegen antibiotisch wirksame Konzentrationen an Glukosinolaten erreicht werden. Für das Isothiocyanat Sulforaphan wurde eine starke Wirksamkeit gegenüber E. coli, S. typhimurium sowie Candida sp. nachgewiesen (54). Die in Fruchtsäften enthaltenen Phenolsäuren Gallus- und Chlorogensäure hatten antivirale Wirkungen, während verschiedene Hydroxyzimtsäuren in vitro das Wachstum gram-negativer nicht jedoch gram-positiver Bakterien hemmten. Ellagsäure, die aus zwei Gallussäuremolekülen besteht, konnte in vitro konzentrationsabhängig das Wachstum von Helico-bacter pylori hemmen (55). Die orale Zufuhr des Flavonoids Quercetin führte bei Mäusen zu einer schwach antiviralen Wirkung gegenüber Tollwut- und anderen Viren. Epigallocatechin, ein anderes Flavonoid, konnte in vitro vollständig das Wachstum und Anhaften von Porphyomonas gingivitis auf menschlichen Epithelzellen der Mundschleimhaut hemmen. Die in Moos- und Heidelbeeren vorkommenden Procyanidine behinderten das Anhaften bestimmter Bakterien auf Harnwegsepithelien. Der regelmäßige Verzehr von Moosbeeren-(„Cranberry"-)Saft führte in einer Studie mit Frauen zu einem verminderten Risiko für Harnwegsinfekte. Insgesamt waren Beerenextrakte deutlich wirksamer als einzelne Phenolsäuren oder Flavonoide, bei denen es sich chemisch um Polyphenole handelt. Daher vermutet man, dass für die antimikrobielle Wirksamkeit komplex aufgebaute

Phenolpolymere bzw. die synergistische Wirkung Phenol-haltiger Verbindungen entscheidend sind (9). Eine antibiotische Wirkung ist auch für Knoblauch bekannt, dessen Saft in vitro das Wachstum von gram-positiven und gram-negativen Bakterien, von Bazillen, Pilzen und Hefen hemmen konnte. Die Menge an Sulfiden, die in einem wässrigen Extrakt aus zwei kleinen unerhitzten Knoblauchzehen enthalten ist, konnte in vitro das Wachstum von Helicobacter pylori reduzieren. Die selektive Entfernung der Sulfide aus Knoblauch führte zum Verlust der antimikrobiellen Eigenschaften. Daher macht man diese Gruppe sekundärer Pflanzenstoffe für die antibiotischen Wirkungen von Knoblauch verantwortlich. In vitro konnten Sulfide das Wachstum von Staphylokokken und anderen Bakterien über einen Zeitraum von mindestens 24 Stunden hemmen. E. coli reagierten auf eine um den Faktor 10 geringere Sulfidkonzentration im Vergleich zu Lactobacillus casei. Sulfide können also die Zusammensetzung der Darmflora beeinflussen (8).

Schlussfolgerung: Auch diese Studien belegen die vielfältigen gesundheitsfördernden Wirkungen der Inhaltsstoffe von Obst und Gemüse. Aus dem Bereich der Nahrungsergänzung erscheint bei unzureichender Versorgung über die Ernährung die Supplementierung mit z. B. Lutein-/Zeaxanthin-haltigen Supplementen bei erhöhtem Risiko für Katarakt oder altersabhängiger Makuladegenration erwägenswert. Eine Bestimmung der Folsäure-Plasmaspiegel und gegebenenfalls die Substitution kann bei depressiven Patienten sinnvoll sein.

Literatur:

1. WHO/FAO release independent expert report on diet and chronic disease, 2003.
2. Ohne Autoren: Krebsprävention durch Ernährung. Deutsches Institut für Ernährungsforschung und World Cancer Research Fund.
3. Panagiotakos DB, Pitsavos C, Kokkinos P, Chrysohoou C, Vavuranakis M, Stefanidis C, Toutouzas P: Consumption of fruits and vegetables in relation to the risk of developing acute coronary syndromes: the CARDIO2000 case-control study. Nutr J 2003; 8;2(1):2.
4. Johnsen SP, Overvad K, Stripp C, Tjonneland A, Husted SE, Sorensen HT: Intake of fruit and vegeta-bles and the risk of ischemic stroke in a cohort of Danish men and women. Am J Clin Nutr 2003; 78(1):57-64.
5. Watzl B, Bub A: Carotinoide. Ernährungs-Umschau 2001; 48 (2):71-74.
6. Watzl B: Monoterpene. Ernährungs-Umschau 2002; 49 (8):322-324.
7. Watzl B: Saponine. Ernährungs-Umschau 2001; 48 (6):251-253.
8. Watzl B: Sulfide. Ernährungs-Umschau 2002; 49 (12):493-496.
9. Watzl B, Rechkemmer G: Flavonoide. Ernährungs-Umschau 2001; 48 (12):498-502.
10. Watzl B, Briviba K, Rechkemmer G: Anthocyane. Ernährungs-Umschau 2002; 49 (4):148-150.
11. Pryor WA, Baton Rouge LA: Vitamin E and heart disease: basic science to clinical intervention trials. Free Radic Biol Med 2000; 28:141-164.
12. Stephens NG et al.: Randomized controlled trial of vitamin E in patients with coronary disease: Cambridge Heart Antioxidant Study (CHAOS). The Lancet 1996; 347(9004):781-786.
13. Ohne Autoren: Dietary supplementation with n-3 polyunsaturated fatty acids and vitamin E after myo-cardial infarction: results of the GISSI-Prevenzione trial. Gruppo Italiano per lo Studio della Sopravvi-venza nell'Infarto miocardico. The Lancet 1999; 354 (9177):447-455.
14. Stampfer MJ, Hennekens CH, Manson JE: Vitamin E consumption and the risk of coronary diseases in women. N Engl J Med 1993; 328:1444-1449.
15. Rimm PB, Stampfer MJ, Ascherio K: Vitamin E consumption and the risk of coronary heart disease in men. N Engl J Med 1993; 328:1450-1456.
16. Kushi LH, Folsom AR, Prineis RJ: Dietary antioxidants, vitamins, and death from coronary heart disease in postmenopausal women. N Engl J Med 1996; 334:1156-1162.
17. Rapola JM, Virtamo J, Ridatti S: Randomized trial of alpha-tocopherol and beta-carotene supplements on incidence of major coronary events in men with previous myocardial infarction. The Lancet 1997; 349:1715-1720.
18. Neunteufl T, Priglinger U, Heher S, Zehetgruber M, Soregi G, Lehr S, Huber K, Maurer G, Weidinger F, Kostner K: Effects of vitamin E on chronic and acute endothelial dysfunction. J Am Coll Cardiol 2000; 35:277-283.
19. PLotnick GD, Corretti MC, Vogel RA, Hesslink R, Wise JA: Effect of supplemental phytonutrients on impairment of the flow-mediated brachial artery vasoactivity after a single high-fat meal. J Am Coll Cardiol 2003; 41(10):1744-1749.
20. Valkonen MM, Kuusi T: Vitamin C prevents the acute atherogenic effects of passive smoking. Free Radi Biol Med 2000; 28:428-436.

21.   Gey KF: Ten-year retrospective on the antioxidant hypothesis of arteriosclerosis: Threshold plasma levels of antioxidant micronutrients related to minimum cardiovascular risk. Nutr Biochem 1995; 6:206-236.

22.   Eichholzer M, Stahelin HD, Gey KF: Inverse correlation between essential antioxidants in plasma and subsequent risk to develop cancer, ischemic heart disease and stroke respectively: 12-year follow-up of the prospective Basel Study. Free Radic and Aging, ErB Chuce ed. 1992; 62:398-410.

23.   Morris DL, Kritchevsky SB, Davis CE: Serum carotenoids and coronary heart disease. The Lipid Research Clinics Coronary Primary Prevention Trial and Follow-up Study. JAMA 1994; 272:1439-1441.

24.   Street DA, Comstock GW, Salkeld RM et al.: Serum antioxidants and myocardialinfarction. Circulation 1994; 90:1154-1161.

25.   Ohne Autoren: Bei Homocystein über 9 µmol/l sollte therapiert werden. Ärzte Zeitung, 11.12.2002.

26.   Ohne Autoren: Nur jeder Dritte nimmt genug Folsäure zu sich. Ärzte Zeitung, 11.12.2002.

27.   Graham IM, Daly LE, Refsum HM: Plasma homocysteine as a risk factor for vascular disease: The European Concerted Action Project. JAMA 1997; 277:1775-1781.

28.   Stampfer MJ, Malinow MR, Willett WC et al.: A prospective study of plasma homocysteine and risk of myocardial infarction in US physicians. JAMA 1992; 268:887-891.

29.   Selhub J, Jacques PF, Wilson DW: Vitamin status and intake as primary determinates of homocys-teinemia in an elderly population. JAMA 1993; 270:2693-2698.

30.   Lee BJ, Lin PT, Liaw YP, Chang SJ, Cheng CH, Huang YC: Homocysteine and risk of coronary artery disease. Folate is the important determinant of plasma homocysteine concentration. Nutrition 2003; 19(7-8):577-583.

31.   Morrison HI, Schaubel D, Desmeules M: Serum folate and risk of fatal coronary heart disease. JAMA 1996; 275:1893-1895.

32.   Hackam DG, Peterson JC, Spence JD: What level of plasma homocyst(e)ine should betreated? Effects of vitamin therapy on progression of carotid atherosclerosis in patients with homocyst(e)ine levels above and below 14 micromol/l. Am J Hypertension 2000; 13:105-10.

33.   Schnyder G, Roffi M, Flammer Y, Pin R, Hess OM: Effect of homocysteine-lowering therapy with folic acid, vitamin B12, and vitamin B6 on clinical outcome after percutaneous coronary intervention: the Swiss Heart Study: a randomized controlled trial. JAMA 2002; 288(8):973-979.

34.   Rimm EC, Willett WC, Hu FB, et al.: Folate and vitamin B6 from diet and supplements in relation to risk of coronary heart disease among women. JAMA 1998; 279:359-364.

35.   O'Keefe CA, Bailey LB, Thomas EA, et al.: Controlled dietary folate status in non-pregnant women. J Nutr 1990; 125:2717-2725.

36.   Bostom AG, Gohn RY, Beaulieu AJ, et al.: Treatment of hyperhomocysteinemia in renal transplant re-cipients. Ann Int Med 1997; 127:1089-1092.

37.   Samman S, Sivarajah G, Man JC, Ahmad ZI, Petocz P, Caterson ID: A mixed fruit and vegetable con-centrate increases plasma antioxidant vitamins and folate and lowers plasma homocysteine in men. J Nutr 2003; 133(7):2188-2193.

38.   Kiefer I, Prock P, Lawrence C, Bayer P, Kunze M, Rieder A: Gender specific differences in dietary habits and changes in plasma micronutrient status following dietary supplementation. Abstract pre-sented at 1st World Congress on Men's Health, Nov 3. 2001, Vienna, Austria.

39.   Wise JA, Morin RJ, Sanderson R, Blum K: Changes in plasma carotinoid, alpha-tocopherol, and lipid peroxide levels in response to supplementation with concentrated fruit and vegetable extracts: a pilot study. Curr Ther Res 1996; 57(6):445-461.

40.   Leeds AR, Ferris EA, Staley J, Ayesh R, Ross F: Availability of micronutrients from dried, encapsulated fruit and vegetable preparations: a study in healthy volunteers. J Hum Nutr Dietet 2000; 13:21-27.

41.   Maynard M, Gunnell D, Emmett P, Frankel S, Davey Smith G: Fruit, vegetables, and antioxidants in childhood and risk of adult cancer: the Boyd Orr cohort. J Epidemiol Community Health 2003; 57(3):218-25

42.   Block G, Patterson B, Subar A: Fruit, vegetables, and cancer prevention: A review of the epidemiologi-cal evidence. Nutr Cancer 1992; 18:1-29.

43.   Cancer Prevention Research Program: Food, nutrition and the prevention of cancer: a global perspective. Am Inst for Cancer Res, Washington, D. C. 1997.

44.   Stahelin HB, Gey KF, Eichholzer M, et al.: Plasma antioxidant vitamins and subsequent cancer mortal-ity in the 12-year follow-up of the prospective Basel Study. Am J Epidemiol 1991; 133:766-775.

45.   Menkes MS, Comstock GW, Veuilleumier JP, et al.: Serum beta carotene, vitamins A and E, selenium and the risk of lung cancer. N Engl J Med 1986; 315:1250-1254.

46.   Giovannucci E, Ascherio A, Rimm E, et al.: Intake of carotinoids and retinol in relation to risk of pros-tate cancer. J Natl Cancer Inst 1995; 87:1767-1776.

47.   Franceschi S, Bidoli E, La Vecchia C, et al.: Tomatoes and risk of digestive-tract cancers. Int J Cancer 1994; 59:181-184.

48.   Clinton SK: Lycopene: Chemistry, biology, and implications for human health and disease. Nutr Rev 1998; 56:35-51.

49.   Giovannucci E, Stampfer MJ, Colditz GA, et al.: Multivitamin use, folate and colon cancer in women in the Nurses' Health Study. Ann Intern Med 1998; 129:517-524.

50.   Alpha-tocopherol, Beta Carotene, Cancer Prevention Study Group: The effect of vitamin E and beta carotene on the incidence of lung cancer and other cancers in male smokers. N Engl J Med 1994; 330:1029-1035.

51.   Omenn GS, Goodman GE, Thornquist MD: Effects of a combination of beta carotene and vitamin A on lung cancer and cardiovascular disease. N Engl J Med 1996; 334:1150-1155.

52.   Hennekens CH, Buring JE, Manson JE: Lack of effect of long term supplementation with beta carotene on the incidence of malignant neoplasm and cardiovascular disease. N Engl J Med 1996; 334:1145-1149.

53.   Nyberg F, Hou SM, Pershagen G, Lambert B: Dietary fruit and vegetables protect against somatic mu-tation in vivo, but low or high intake of carotenoids does not. Carcinogenesis 2003; 24(4):689-696.

54.   Watzl B: Glucosinolate. Ernährungs-Umschau 2001; 48(8):330-333.

55.   Watzl B, Rechkemmer G: Phenolsäuren. Ernährungs-Umschau 2001; 48(10):413-416.

56.   Kulling SE, Watzl B: Phytoöstrogene. Ernährungs-Umschau 2003; 50(6):234-239.

57.   Smith MJ, Inserra PF, Watson RR, Wise JA, O'Neill KL: Supplementation with fruit and vegetable ex-tracts may decrease DNA damage in the peripheral lymphocytes of an elderly population. Nutr Res 1999; 19(10):1507-1518.

58.   Taylor A: Role of nutrients in delaying cataracts (review). Ann NY Acad Sci 1992; 669:111-124.

59.   Knekt P, Heliovaara M, Rissanenen, et al.: Serum antioxidant vitamins and risk of cataract. BMJ 1992; 305:1392-1394.

60.   Martenson J, Meister A: Glutathione deficiency decreases tissue ascorbate levels in newborn rats: Ascorbate spares glutathione and protects. Proc Natl Acad Sci USA 1991; 88:4656-4660.

61.   Seddon JM, Ajani UA, Sperduto RD, et al.: Dietary carotinoids, vitamin A, C, and E and advanced age-related macular degeneration. JAMA 1994; 272:1413-1420.

62.   Sano M, Ernesto C, Thomas RG: A control trial of selgiline, alpha-tocopherol or both as treatment for Alzheimer's disease. N Engl J Med 1997; 336:1216-1222.

63.   Alpert JE, Fada M: Nutrition and depression: The role of folate. Nutr Rev 1997; 55:145- 149.

64.   Levitt AJ, Joffert: Folate, B12, and life course of depressive illness. Biol Psych 1989; 25:867-872.

65.   Reynolds EH, Preece JM, Bailey J: Folate deficiency in depressive illness. Brit J Psych 1970; 117:287-292.

66.   Wilkinson A, Anderson D, Abud-Shalah M: Methyltetrahydrofolate level in serum of depressed subjects and its relationship to the outcome of ECT. J Affec Dirord 1994; 32:163-168.

67.   Carney M, Sheffield BF: Association of subnormal serum folate and vitamin B12, and effects of replacement therapy. J Nerv Ment Dis 1970; 150:404-412.

68.   Godfrey SA, Toone BK, Carney MWP: Enhancement of recovery from psychiatric illness by methyl-folate. Lancet 1990; 336:392-395.

69.   Guaraldi G, Fava N, Mazzi F: An open trial of the methotetrahydrofolate in elderly depressed patients. Clin Psy 1993; 5:101-106.

70.   Lawrence K, Prock P, Bieger W, Bayer P, Rathmanner T, Kunze M, Rieder A, Kiefer: Effect of micronutrient supplementation on well-being and mood. Abstract Book 8th European Congress of Psychology, Vienna 2003:35.

71.   Meydani SN, Meydani M, Blumberg JD: Vitamin E supplementation and in vivo immune response in healthy elderly subjects. JAMA 1997; 227:1380-1386.

72.   Penn MD, Perkins L, Kellherr A: The effects of dietary supplementation with vitamins A, C, and E, on cell mediated immune function in elderly long stay patients. Age and Aging 1991; 20:169-174.

73.   Inserra P Jiang S, Solkoff D, et al.: Immune function improves during fruit and vegetable extract sup-plementation. Molec Biol of the Cell 1998; 9(S):182A.

Autoren:

Sven-David Müller, M.Sc. und Dr. med. Birgit M. Zeis, c/o: Zentrum und Praxis für Ernährungskommunikation, Diätberatung und Gesundheitspublizistik (ZEK), Wendenschloßstraße 439, 12557 Berlin, www.svendavidmueller.de